MOONSTAR
TABLE

HOME
PARTY

문스타테이블 홈파티

MOONSTAR
TABLE

HOME
PARTY

문희정 지음

다독
다독

'패션 디자이너'에서 '육아맘'으로,
다시 '푸드 디렉터'로 변신한 그녀의 제안

" 홈파티는 나누는 행복, 먹는 즐거움,
플레이팅에 대한 자신감까지 높여주는
생활의 활력소입니다. "

아이를 낳으면서 직장을 그만두고, 육아에만 온전히 집중하며 수년간 전업주부로 살았습니다. 남편과 아이를 위한 요리는 주부 생활의 일부였지만 저는 그 시간이 가장 행복했어요. 부모님이나 형제자매, 때로는 지인들을 초대해 요리를 준비하고, 함께 나누는 그 시간이 너무 좋았습니다. 집밥을 나눠 먹는 '홈파티'는 제가 일상에 지쳐있을 때는 큰 위로가 되고, 기쁘고 즐거울 때는 행복을 나누는 생활의 활력소였어요.

메뉴를 구성하고 요리를 준비하는 시간은 늘 저를 설레게 했어요. 누구나 즐길 수 있는 근사한 요리를 준비해 식탁에 선보였을 때 가족, 친구 및 지인들로부터 좋은 반응을 받으면 그 희열은 배가 되었고, 그만큼 삶에 대한 자신감도 높아졌습니다.

점점 나만의 레시피와 스타일링 욕심이 생기면서 집밥을 예쁘게 플레이팅하고, 제대로 홈파티를 즐길 수 있는 노하우도 생겼습니다. 인스타그램, 페이스북 등 SNS에 꾸준히 그 내용을 공유했고 제 요리를 인정해주는 사람들이 점점 많아졌어요. 이즈음 그들과 더 친밀하게 소통하고 싶은 마음에 쿠킹클래스를 시작하게 되었지요. 요리에 열정 있는 사람들이 참여하는 쿠킹클래스는 서로의 삶에 힐링이 되었습니다.

소규모로 시작했던 쿠킹클래스가 인기를 얻으면서 요리 강의, 요리 촬영, 잡지 기고 등 활동 영역이 넓어졌습니다. 특히 쿠킹클래스에 직접 참여한 분들의 반응이 뜨거웠어요. 참여하지 못한 분들은 제가 인스타그램과 페이스북에 올린 레시피로 직접 요리를 하고, 가족으로부터 받은 칭찬을 공유하면서 서로 소통할 수 있었지요.

이러한 과정을 통해 어느새 사람들로부터 신뢰받는 푸드 디렉터가 되었습니다. 이제 쿠킹클래스 운영과 함께 음식 관련 브랜드의 요리 영상 콘텐츠, 전문 레시피 개발, 푸드 스타일링 및 촬영 등을 병행하며 진정한 푸드 디렉터의 길을 걷고 있습니다. 또 외식사업 메뉴 개발과 컨설팅도 하고 있고요.

요리할 때마다 다짐하는 두 가지가 있습니다.

'재료 본연의 맛에 충실하고 정성을 다하자.'
신선한 재료를 쓰고, 재료끼리의 궁합을 맞추는 일은 매우 중요합니다. '문 스타테이블'의 레시피는 재료 본연의 맛을 가장 잘 살렸다고 자부합니다.

'재료 손질과 육수에 정성을 들이자.'
시간이 조금 더 걸리더라도 정성을 다해 푹 우려낸 육수는 완성된 요리의 맛 을 결정하지요. 재료를 꼼꼼히 손질하는 습관은 조리 시간을 단축하는 데도 큰 도움이 됩니다.

처음부터 전문가가 아니었기에, 이 책《문스타테이블 홈파티》가 요리에 관 심 많은 주부와 일반인에게 더욱 실질적인 도움이 될 것이라고 기대합니다. 저 역시 신혼 초에는 몇 가지 음식을 한 상에 차려 내는 것이 어렵고, 시간 이 걸리는 일이었습니다. 삶의 활력소가 되었던 홈파티 요리를 하면서, 스스 로 터득한 소소한 팁들을 책에 담고자 노력했습니다. 그 내용을 공유하면서 많은 부분 공감하고, 부족한 부분은 함께 배워나갔으면 좋겠습니다. 손님 초 대가 부담스러울 때, 균형 있는 메뉴 구성이 고민될 때, 테이블 세팅이 어렵 다 느낄 때《문스타테이블 홈파티》가 조금이라도 도움이 되기를 희망합니다.

함께 나누는 행복,
멋진 플레이팅에 대한 자신감,
맛있는 요리의 기쁨을 만끽할 수 있는 홈파티 시간을
여러분도 선물 받기를 기대합니다.

문희정

C O N T E N T S

Person

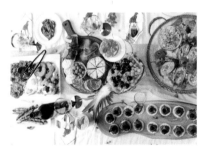

3 Daily

School Food_ 분식 파티

Brunch_ 브런치

부록

Table Setting

! 일러두기 | 이 책의 모든 레시피에서 1큰술은 밥숟가락으로 1큰술, 1컵은 200ml 잔 1컵을 의미합니다.

1

Season

WINTER

연말 파티

모두가 설레는 연말연시! 이런저런 모임이 많을 때인데요. 친한 지인들을 집으로 초대해 아늑한 파티를 열어보세요. 연말연시 파티는 시간이 오래 걸리는 만큼 식어도 맛이 변하지 않고 여럿이 나눠 먹기도 좋은 요리를 추천해요. 화려한 색깔의 음식을 차분한 화이트 플레이트에 담고 실버 커트리와 캔들, 약간의 꽃으로 완성한 연말 홈파티 테이블을 소개합니다.

깐풍소스 등갈비튀김

재료 2-3인분

등갈비 1대, 녹말가루 $\frac{1}{2}$ 컵, 식용유

등갈비 밑간

간장 1큰술, 다진 마늘 1큰술
청주 1큰술, 생강가루 $\frac{1}{2}$ 큰술
월계수 잎 4-5개, 로즈마리(생략 가능)

깐풍소스

청양고추 2개, 홍고추 2개
대파 $\frac{1}{2}$ 대, 양파 $\frac{1}{3}$ 개
간장 6큰술, 설탕 4큰술
식초 6큰술, 전분 물(전분1 : 물3)
올리고당 약간

HOW TO MAKE

1 쪽으로 자른 등갈비는 찬물에 30~40분 정도 담가 핏물을 제거한다.

2 밑간 재료에 등갈비를 20~30분간 재어둔다.

3 찜통에 등갈비를 넣고 월계수 잎, 통후추, 마늘을 올린 뒤 20분간 센 불에서 익힌다.

4 깐풍소스 재료는 입자를 굵게 다진 후 깐풍소스 양념과 섞는다.

5 찐 등갈비의 물기를 제거한 후 녹말가루를 묻힌 뒤 180도에서 2번 튀긴다.

6 4의 깐풍소스를 팬에서 보글보글 끓이다가 전분 물을 넣고 농도를 조절한 후 물엿을 살짝 넣는다.

　⁺ 전분 물은 전분과 물을 1:3 비율로 섞은 거예요.

7 먹기 전 등갈비를 소스에 버무린 뒤 위에 양념을 얹고 접시에 담는다.

MOONSTAR
TABLE

등갈비는 기름기가 적고 담백하며, 손으로 들고 뜯어 먹기 좋아요.
새콤달콤하면서도 매콤한 깐풍소스에 버무려 내면 인기 만점이랍니다.

굴튀김

재료 2-3인분

생굴 400g, 케이준시즈닝 2큰술
빵가루 100g, 밀가루 50g, 달걀 2개
식용유, 파슬리가루 약간

유자 타르타르소스

요거트 3큰술, 마요네즈 2큰술
다진 피클 2큰술, 다진 양파 1큰술
유자청 1큰술, 후추 약간

HOW TO MAKE

1 굴은 밀가루를 뿌려 어루만지듯 헹궈 내면서 잔 껍질을 제거한다.

2 물기를 뺀 굴을 케이준시즈닝으로 밑간한다.

3 파슬리가루와 빵가루를 고루 섞는다.

4 밑간한 굴을 밀가루-달걀-빵가루 순서로 묻힌다.

5 180도에서 노릇하게 튀긴다.

6 소스 재료를 잘 섞는다.

7 곁들일 채소 위에 굴튀김을 놓고 석류 또는 베리류, 레몬슬라이스
   와 함께 플레이팅한다.

MOONSTAR
TABLE

은은한 허브와 굴 향이 조화를 이루는 고소한 굴튀김. 유자 타르타르소스로 상큼하게 즐길 수 있어요.
빵가루에 콘푸레이크를 섞으면 튀김이 훨씬 바삭해집니다.

MOONSTAR
TABLE

브루스케타Bruschetta는 굽다는 뜻의 정통 이태리 요리로 빵을 버터에 구워 크림치즈를 바른 후
토마토, 버섯, 고기 등을 올려 먹는 간단한 전체요리입니다. 컬러가 예쁘고 화려해 홈파티 테이블에 잘 어울려요.

브루스케타

재료4인분

바게트 1줄
방울토마토 100g
청포도 100g
양파 $\frac{1}{2}$ 개
올리브 30g
바질 5g
버터 약간
발사믹 글레이즈 약간

소스

올리브유 6큰술
식초 4큰술
발사믹식초 4큰술
설탕 4큰술
소금 한꼬집

HOW TO MAKE

1 방울토마토, 청포도, 올리브는 반으로 가르고 양파와 바질은 다진다.

2 분량의 소스 재료를 한데 섞어 소스를 만든다.

3 1과 2를 섞는다.

4 팬에 버터를 두르고 바게트를 굽는다.

5 3의 마리네이드 재료를 바게트에 올린다.

6 기호에 따라 루꼴라, 치즈 등을 얹고 발사믹 글레이즈를 뿌린다.

머쉬룸스프

재료4인분

양송이버섯 10개
표고버섯 5개
애 느타리버섯 50g
양파 $\frac{1}{2}$ 개
대파 1대(흰대)
우유 300ml
생크림 200ml
무염버터 4큰술
소금, 후추, 파슬리 약간씩
식용유

HOW TO MAKE

1 양파는 채 썰고 파는 다진다.

2 양송이버섯, 표고버섯은 슬라이스하고 느타리버섯은 가늘게 찢는다.

3 팬에 버터를 두르고 센 불에서 다진 파와 채 썬 양파가 투명해질 때까지 볶는다.

4 손질해 놓은 버섯은 2번에 나눠 넣은 뒤 소금을 두르고 볶는다.

　÷ 버섯을 한꺼번에 넣으면 온도가 떨어져 버섯에서 수분이 나와요. 볶은 버섯 중 몇 개를 남겼다가 플레이팅에 사용하세요.

5 버섯이 익으면 우유와 생크림을 붓고 끓인다.

6 4~5분간 끓인 뒤 불을 끄고 핸드 블랜더나 믹서로 간다.

7 농도에 따라 우유를 넣은 후 소금으로 간한다.

MOONSTAR
TABLE

버섯은 고단백 저칼로리 건강식품이지요.
표고, 양송이, 애 느타리 등 각종 버섯으로 스프를 만들어 버섯 특유의 풍미를 느껴보세요.

SPRING

피크닉 파티

살랑이는 봄바람에 마음이 잔뜩 설레는 날, 따
뜻한 햇볕과 파릇한 잔디가 있는 공원으로 특별
한 도시락을 들고 피크닉을 떠나보세요. 야외
에서 즐기기 좋은 음식은 만들기도 쉽고 먹기
도 간편해야겠죠? 정성스레 준비한 도시락을
우드 플레이트에 올려보세요. 훨씬 자연스럽
고 분위기 있는 야외 테이블이 완성될 거예요.

짭조름한 베이컨과 고소한 새우가 잘 어울려요.
힘께 꼬치에 꽂으면 먹기 간편해 간식이나 술안주로 좋아요.

새우베이컨말이

재료4인분

새우 20마리

베이컨 10장

방울토마토 20개

식용유

꼬치

소스

씨겨자 2큰술

마요네즈 1큰술

꿀 or 요리당 1큰술

HOW TO MAKE

1 새우 등에 두 마디 정도의 가위 밥을 넣고 이쑤시개로 내장을 빼낸다.

2 베이컨을 이등분하여 새우를 감싼다.

3 달군 팬에 기름을 두르고 베이컨의 말린 끝 면이 팬에 닿도록 놓은 채 앞뒤로 새우를 굽는다.

    ÷ 끝 면이 팬에 닿아야 베이컨이 풀리지 않아요.

4 꼬치에 새우를 한 방향으로 꽂고 방울토마토 또는 청포도를 꽂는다.

새콤달콤, 상큼하고 아삭한 맛을 모두 즐길 수 있어요.
피크닉은 물론 브런치 메뉴로도 추천해요.

크라상샌드위치

재료1개

크라상 1개

고다치즈 2장

양상추 2장

슬라이스 햄 2-3장

슬라이스 토마토 2개

슬라이스 양파 3~4개

소스

씨겨자소스 2큰술

마요네즈 1큰술

다진 피클 2큰술

딸기잼 2큰술

버터 1큰술

HOW TO MAKE

1 크라상을 조개처럼 이등분으로 가르고 양면에 버터를 바른다.

  ÷ 버터를 발라야 속 재료의 수분이 빵에 흡수되지 않아요.

2 양상추 – 씨겨자 마요소스(씨겨자소스 2큰술+마요네즈 1큰술) – 치즈 – 토마토 – 슬라이스 양파 – 다진 피클 –
  슬라이스 햄 순서로 올린 후 딸기잼을 바르고 빵을 덮는다.

케이준가루 대신 파프리카가루나 카레가루를 넣어도 좋아요.

케이준치킨샐러드

재료 2~3인분

닭가슴살 400g

파프리카 $\frac{1}{2}$ 개

양파 $\frac{1}{2}$ 개

양상추 $\frac{1}{2}$ 개

방울토마토 10개

래리쉬 2개(생략 가능)

레몬 1개

우유 $\frac{1}{2}$ 컵

그라나파다노치즈 약간

식용유

반죽

케이준가루 $\frac{1}{3}$ 컵

달걀 3개

빵가루 1컵

밀가루 1컵

파슬리가루 약간

소스

머스타드소스 : 꿀 = 3:1

HOW TO MAKE

1   양상추는 먹기 좋게 찢어 놓고 양파, 파프리카는 채 썬다.

2   닭가슴살은 우유에 잠시 재어 두었다가 꺼낸 뒤 먹기 좋은 크기로 썰고 케이준가루로 밑간한다.

3   밑간한 닭가슴살에 밀가루 – 달걀물 – 빵가루(파슬리가루를 섞은) 순서로 묻힌다.

4   180도에서 2번 튀겨낸다.

　 ✚ 빵가루를 기름에 넣고 파르르 올라올 때 닭을 넣어요.

5   접시에 채소와 과일을 먼저 놓고 케이준치킨을 얹은 뒤 소스를 뿌린다.

콜드파스타

재료2~3인분

푸실리면 120g
생모짜렐라치즈 200g
바질 5g
그라나파다노치즈 15g
방울토마토 500g

소스

올리브유 50ml
발사믹식초 6큰술
식초 4큰술
설탕 4큰술
소금 1큰술
페페론치노 약간

HOW TO MAKE

1 푸실리면을 10분간 삶은 후 올리브유를 바르고 식힌다.

2 방울토마토, 치즈는 먹기 좋은 크기로 썰고 바질은 다진다.

3 2에 식혀 둔 푸실리면과 소스 재료를 넣고 버무린다.

MOONSTAR
TABLE

콜드파스타는 푸실리나 펜네로 만들어야 차가워도 면이 붙거나 퍼지지 않아요.
컵푸드로 활용해도 좋아요.

SUMMER
보양식 파티

무더운 여름이 시작되면 몸과 마음이 지치기
쉽죠. 너무 덥다 보니 찬 음식만 찾게 되는데
요. 이럴수록 보양식을 먹어야 더위를 이길 수
있어요. 꼭 복날이 아니더라도 특별한 보양식
을 즐겨보세요. 따로 먹어도 좋지만, 환상적인
궁합으로 함께 먹으면 더 좋은 보양식 요리를
소개합니다.

영양백숙

재료2-3인분

닭 1마리
수삼 2뿌리
전복 2개
대파 1대
솔부추 한줌
물 4L
월계수 잎 2개
대추 6개
은행 5-6개
찹쌀 $\frac{1}{3}$ 컵
녹두 $\frac{1}{3}$ 컵
마늘 10쪽
소금 1큰술, 통후추 약간
황기+오가피+엄나무(100g 한팩)

HOW TO MAKE

1 닭은 꽁지와 날개 뒤쪽을 잘라내고 찬물에 씻어 핏물을 뺀 뒤 건져서 물기를 닦는다.

2 황기+오가피+엄나무를 물에 넣고 30분가량 끓여 둔다.

3 찹쌀, 녹두는 깨끗이 씻어 1시간 이상 물에 불린다.

4 은행은 팬에 볶은 뒤 키친타올을 이용해 껍질을 벗기고 대파 흰대, 수삼 뿌리, 인삼, 대추, 마늘은 깨끗이 손질한다.

5 손질한 닭의 배에 찹쌀과 녹두 절반, 마늘, 대추를 넣는다.

6 2의 재료를 물에서 건져낸 뒤 속을 채운 닭과 대추, 대파, 대파 뿌리, 통후추, 월계수 잎, 남은 찹쌀과 녹두, 전복껍데기를 넣고 50분~1시간가량 약한 불에서 푹 끓인다.

   ✢ **전복껍데기를 넣어야 감칠맛이 우러나요.**

7 끓이면서 생기는 거품은 수시로 걷어내고 불을 끄기 10분 전 전복을 넣고 소금 1큰술로 간한다.

8 부추는 4cm 길이로 썰고 대추는 세로로 칼집을 내 씨를 제거한 뒤 돌돌 말아 얇게 썰어서 고명으로 얹는다.

MOONSTAR
TABLE

저는 영양백숙에 녹두를 꼭 넣어요. 녹두는 찬 성질로 몸의 열을 내리고 해독을 도우며
비장을 튼튼하게 해 원기회복에 좋습니다. 특히 찹쌀과 함께 넣으면 더 고소하고 맛있어요.

버섯전

재료2-3인분

새송이버섯 4-5개

표고버섯 5개

얇은 아스파라거스 5개

식용유

부침재료

달걀 2개

밀가루 $\frac{1}{2}$ 컵

소금 한꼬집

HOW TO MAKE

1 표고버섯, 새송이버섯, 아스파라거스는 먹기 좋은 길이와 모양으로 썬다.

2 꼬치에 표고버섯-아스파라거스-새송이버섯 순서로 꽂는다.

3 밀가루를 묻힌 후 달걀을 풀어 솔로 바른다.

4 팬에 기름을 두른 후 앞뒤로 노릇하게 굽는다.

MOONSTAR
TABLE

버섯전은 버섯 본연의 맛과 향이 그대로 느껴지며 아스파라거스를 곁들여 식감도 좋아요.
평상시 반찬은 물론 명절 메뉴로도 손색없어요.

식이섬유소와 무기질이 풍부한 더덕은 사포닌을 함유하고 있어 원기회복에 좋고 굵을수록 맛과 향이 좋아요.
특히 고추장과 궁합이 잘 맞아 양념해서 구우면 맛있어요.

더덕구이

재료 2-3인분

더덕 300g

올리브유 약간

식초 약간

양념

고추장 2큰술

매실청 2큰술

참기름 1큰술

올리브유 1큰술

설탕 $\frac{1}{2}$ 큰술

간장 $\frac{1}{2}$ 큰술

다진 마늘 $\frac{1}{2}$ 큰술

고명

다진 실파 1큰술

다진 잣 1큰술

HOW TO MAKE

1 더덕은 흙을 씻어내고 소금물에 데친 후 찬물에 담가 껍질을 벗긴다.

   ÷ 이때 칼로 머리를 먼저 자른 후 벗겨야 잘 벗겨져요! 남은 껍질은 칼로 긁어내요.

2 깐 더덕을 방망이로 두드린다.

3 석쇠에 식초를 발라 소독한 후 달군다.

4 달궈진 석쇠에 더덕을 올리고 올리브유를 발라 애벌구이한다.

5 더덕이 구워지면 양념을 바르고 재벌구이한다.

   ÷ 보통 더덕구이에 유장을 하는데 올리브유로만 하면 깔끔한 더덕 향을 느낄 수 있어요.

SUMMER

수육 파티

수육은 삼복더위에도 좋지만, 계절에 상관없이 맛있게 즐길 수 있는 요리예요. 푹 삶은 고기와 쌈 채소를 함께 먹는 보쌈은 남녀노소 즐길 수 있는 국민 요리라고 해도 과언이 아니죠. 명란을 고명으로 얹으면 더 색다르게 즐길 수 있어요. 수육과 어울리는 두 가지 무침도 소개할게요.

저염 명란을 고소하고 매콤하게 양념해 수육에 곁들여보세요. 수육을 더욱 맛깔스럽게 즐기는 비법이에요.
부드럽고 담백한 고기에 감칠맛이 더해집니다. 돼지고기는 소고기보다 비타민 B1이 풍부하고
명란은 DHA, 비타민 B1, 비타민E가 많아 뇌와 신경에 필요한 에너지를 공급하고 피로 회복에 도움을 준답니다.
수육과 명란을 함께 먹으면 영양 보충에도 좋고 수육 위에 꽃이 핀 듯 화려한 플레이팅도 가능해요!

명란고명수육

재료2-3인분

삼겹살(수육용) 1kg

대파 흰대 1대

월계수 잎 3-4장

통후추 1큰술

청주 ¼ 컵

마늘 6쪽

된장 1큰술

물 3~4L(수육이 잠길 정도)

명란고명 재료

저염 명란 100g(3개)

참기름 2큰술

청주 1큰술

청양고추 1개

홍고추 1개

HOW TO MAKE

1. 끓는 물에 된장을 풀고 중간 불에서 수육용 삼겹살, 월계수 잎, 대파, 후추, 청주를 넣고 뚜껑을 닫은 채로 50분~1시간가량 푹 삶는다.

2. 명란은 젓가락으로 쓸어내려 껍질과 분리한 뒤 다진 청양고추, 홍고추와 함께 참기름, 청주를 넣고 섞는다.

3. 수육을 한 김 식힌 후 썰고 그 위에 조금씩 명란 고명을 얹는다.

÷ 고기를 썰어서 낱개로 접시에 옮기지 말고, 밑으로 칼날을 길게 넣어 그대로 들어올려야 접시에 가지런히 담겨요.

명란두부국

재료 2-3인분

두부 $\frac{1}{2}$ 모

저염 명란 3개

대파 $\frac{1}{2}$ 대

홍고추 1개

청양고추 1개

다진 마늘 $\frac{1}{2}$ 큰술

참기름 $\frac{1}{3}$ 큰술

소금 약간

국물용 멸치 5-6개

다시마 2장

HOW TO MAKE

1 멸치와 다시마를 넣고 끓여 육수를 만든다.

2 두부는 먹기 좋게 깍둑썰기하고 명란은 반으로 자른 뒤 등에 칼집을 넣는다.

3 1의 육수에 다진 마늘 – 두부 – 명란 – 대파 – 청고추, 홍고추 순서로 넣는다.

4 마지막에 참기름을 넣고 기호에 따라 소금으로 간한다.

   ÷ 명란에 염분이 있으니 소금은 간을 보면서 추가하세요.

MOONSTAR
TABLE

깔끔하고 개운하면서 톡톡 터지는 명란의 식감이 부드러운 두부와 잘 어울립니다.
명란은 염분이 많으므로 저염 명란을 사용하고 적당히 섭취하는 게 좋아요.

참나물무침

재료

참나물 2줌

양념

매실액 2큰술, 식초 2큰술, 고춧가루 1큰술
멸치액기스 1큰술, 참기름 1큰술, 깨소금 약간

HOW TO MAKE

1 참나물은 먹기 좋은 크기로 다듬는다.
2 양념 재료를 고루 섞어 참나물과 버무린다.

MOONSTAR
TABLE

참나물은 섬유질이 많아 소화에 도움이 되므로 육류와 함께 먹으면 좋아요.
양념은 참나물의 은은한 향에 약간의 맛을 더해주는 수준으로 과하지 않게 조절하고, 잎이 연해 숨이 금방 죽으니 먹기 직전 무쳐요!

황태무침

재료

황태채 50g(2줌), 깨소금 2큰술, 다진 쪽파 2큰술

양념

고추장 1큰술, 고춧가루 2큰술, 다진 마늘 1큰술,
진간장 1큰술, 매실액 2큰술, 참기름 2큰술, 청주 1큰술

1 황태채를 5~10분 정도 물에 불린다.

　÷ 부들부들해지면 잘게 찢어요.

2 물기를 뺀다. 이때 너무 꽉 짜지 않는다.

3 양념과 깨소금을 넣고 버무린다.

4 다진 쪽파를 솔솔 올려 마무리한다.

MOONSTAR
TABLE

아미노산이 풍부한 황태는 간 해독과 콜레스테롤 수치를 정상적으로 유치하는 데 도움을 주므로 칼로리가 높은 음식이나
육류와 함께 먹으면 좋습니다. 황태는 물에 너무 오래 담그면 황태 맛이 빠지고, 씻어내듯 담갔다 빼면 뻣뻣해집니다.

FALL

명절 특별식

명절 하면 대표적으로 떠오르는 음식들이 있죠. 이젠 조금 색다른 음식으로 명절상을 차려 보면 어떨까요? 칼로리가 높고 느끼한 명절 음식을 먹다 보면 개운하고 담백한 요리가 생각나곤 하죠. 여기서 소개하는 세 가지 메뉴는 명절이 아니더라도 맛과 볼륨감에 균형이 맞아 손님 초대상에 활용해도 좋아요.

시중에서 파는 찜닭에는 카라멜시럽이 많이 들어가요. 집에서도 충분히 그와 비슷한 빛깔을 낼 수 있습니다.
진한 색의 비결은 바로 고구마예요. 자색 고구마가 가장 좋지만 일반 고구마도 가능합니다.

찜닭

재료2-3인분

닭 한마리 1kg

감자 1~2개

고구마 큰것 1개

대파 1.5대

애 느타리버섯 한줌

양송이버섯 또는 표고버섯 2~3개

당근 $\frac{1}{2}$ 개, 양파 $\frac{1}{2}$ 개

물 3컵, 우유 200-300ml

다진 마늘 1큰술

베트남고추 10-15개

당면 1줌

청양고추 2개

식용유

양념

양조간장 1컵

설탕 1컵

소금, 후추 약간씩

HOW TO MAKE

1 닭은 흐르는 물에 씻어 손질한 후 우유에 15분간 담갔다가 건진다.

2 감자, 고구마, 버섯류, 당근, 양파, 대파, 청양고추를 먹기 좋은 크기로 썬다.

3 팬에 기름을 두른 뒤 마늘과 베트남고추를 볶는다.

4 기름을 넉넉히 더 두르고 닭을 넣은 뒤 소금과 후추로 간하고 익힌다.

  ÷ 이 과정에서 닭기름을 뺄 수 있어요.

5 냄비에 닭, 감자, 고구마를 넣고 간장 1컵, 설탕 1컵, 물 2컵을 넣은 뒤 10분간 중간 불에서 끓인다.

6 대파와 당근, 양파를 넣고 물 1컵을 넣고 10분간 약한 불로 끓인다.

7 양송이버섯, 표고버섯, 삶은 당면, 청양고추를 넣고 5분 정도 후 파를 얹고 불을 끈다.

8 접시에 담은 후 곱게 썬 대파를 한 번 더 얹어 낸다.

가을의 대표적인 식재료인 새우, 살이 통통히 오른 제철 새우는 보기도 좋고 맛도 좋아요.
그냥 구워도 맛있지만, 가끔 궁합 잘 맞는 재료와 특별한 냉채를 만들어보세요.

문어새우냉채

재료2-3인분

문어 300g, 새우 10~12마리
오이 1~2개, 표고버섯 2~3개
파프리카 1개, 은행 6-8알
대추 3~4개, 다진 잣 1큰술
참기름

양념

새우 육수 6큰술, 식초 8큰술
설탕 3큰술, 연겨자 2큰술
소금 약간

HOW TO MAKE

1 새우는 내장을 제거한 뒤 찜기에서 15분 정도 찐다.
    ÷ 이 과정에서 내장국물을 받아요.
2 파프리카와 문어는 한입 크기로 썰고 표고버섯과 오이는 슬라이스한다.
3 오이를 소금에 절여 꼭 짠 뒤 참기름을 두른 팬에 볶고 접시에 식혀둔다.
4 슬라이스한 표고버섯은 참기름을 두른 팬에 볶고 접시에 식힌다.
5 새우를 찔 때 받아 놓은 내장국물과 양념 재료들을 잘 섞어 냉장고에 식혀둔다.
6 새우는 껍질을 벗겨 먹기 좋게 손질한다.
7 모든 재료를 한데 모아 5의 시원해진 양념으로 버무린 뒤 대추, 은행, 잣가루를 올린다.
8 접시에 새우 머리를 보기 좋게 배열하고 버무린 냉채를 수북이 담아낸다.

일반적인 산적과는 달리 양념한 고기에 대파, 표고버섯, 김치를 넣었더니 아삭하면서 맛이 개운해요.

김치적

재료 꼬치 6~10개

돼지고기 등심 100g

표고버섯 2개

배추김치 줄기 150g

파 1대

밀가루 3큰술

달걀 1개

꼬치 6~10개

식용유

돼지고기/표고버섯 밑간

진간장 1큰술

설탕 $\frac{1}{2}$ 큰술

깨소금 $\frac{1}{2}$ 큰술

다진 파 1큰술

다진 마늘 $\frac{1}{2}$ 큰술

참기름 $\frac{1}{2}$ 큰술

김치 밑간

참기름 $\frac{1}{2}$ 큰술

설탕 $\frac{1}{4}$ 큰술 (김치가 많이 시큼할 경우 추가)

HOW TO MAKE

1 돼지고기, 표고버섯, 대파, 김치는 1cm
  폭으로 먹기 좋게 썬다.

2 돼지고기와 표고버섯, 김치를 각각 밑간
  한다.

3 꼬치에 김치 – 고기 – 대파 – 표고버섯 –
  김치 순으로 꽂는다.

4 3에 밀가루와 달걀물을 차례로 바른 뒤
  팬에 기름을 두르고 굽는다.

5 노릇하게 구워지면 꼬치에서 빼내 먹기
  좋은 크기로 이등분한다.

6 접시에 가지런히 담는다.

2

Person

LOVER
남편 생일파티

남편 생일엔 지인들을 초대해 따뜻한 집밥을
대접해요. 남편 기 세워주는 일이란 생각이 들
어 한번씩 해주고 나면 제가 더 행복해지곤 합
니다. 초대 손님이 대부분 남성이다 보니 식사
와 더불어 술을 곁들이는 경우가 많아요. 한 끼
식사는 물론 술안주로도 좋은 칼칼한 요리에
상큼한 요리를 곁들여 균형을 맞춰요.

MOONSTAR
TABLE

다양한 채소와 쫄깃한 갈비가 듬뿍 올려진 갈비찜전골은 보기에도 화려하고 맛도 좋아 손님 초대 요리로 안성맞춤이에요.
얼큰한 국물 또한 일품입니다. 남은 육수를 이용해 죽이나 볶음밥을 만들어도 좋아요.

064

갈비찜전골

재료4인분

소갈비 1kg

버섯 3종류 (팽이버섯 100g, 새송이 1개, 백만송이 50g)

(다른 종류의 버섯도 가능)

애호박 $\frac{1}{3}$ 개

양파 $\frac{1}{2}$ 개

쑥갓 한줌

청양고추 2개

홍고추 1개

당면 또는 떡 약간

육수

물 1.5~2L

무 큰것 2토막

다시마 2장

마늘 5톨

대파 1대

양념

고춧가루 3큰술

간장 2큰술

다진 마늘 2큰술

다진 생강 $\frac{1}{2}$ 큰술

소금 약간

HOW TO MAKE

1 손질한 갈비는 물에 30분~1시간가량 담가 핏물을 뺀다.

　÷ **이때 물은 2번 갈아주세요.**

2 냄비에 물과 육수용 재료, 갈비를 한데 넣고 중간 불로 1시간가량 푹 끓인다.

3 끓인 육수 위에 뜬 기름을 제거하고 체로 육수를 걸러낸다.

4 우려낸 무, 애호박, 양파, 청양고추, 홍고추는 먹기 좋은 크기로 썰고 당면은 데친다.

5 냄비에 4의 재료와 익혀둔 갈비, 육수, 양념을 넣고 한번 끓여낸 뒤 소금으로 간한다.

홍두깨살은 소의 엉덩이 위쪽 살로 지방 함량이 낮은 고단백 식품이에요. 얇게 저며 말이용으로 사용하면 부드럽고 식감이 좋아요.
홍두깨살이 없다면 우둔살로 대체할 수 있는데 정육점에서 얼린 것을 살 경우 육전보다 좀 더 얇게 썰어 달라고 하세요.

유자소스 소고기말이

재료2~3인분

우둔살 또는 홍두깨살 슬라이스 200g

피망 1개

파프리카 빨강과 노랑 각 1개

얇은 떡볶이 떡 10개

옥수수전분 $\frac{1}{3}$ 컵

어린잎채소 약간

식용유

소고기 밑간

간장 2큰술, 설탕 1큰술

청주 1큰술, 참기름 1큰술

소스

유자청 2큰술, 올리브유 1큰술

식초 2큰술, 연겨자 1큰술, 소금 $\frac{1}{3}$ 큰술

HOW TO MAKE

1 홍두깨살은 키친 타올로 톡톡 닦아 핏물을 제거한다.

2 밑간 재료를 잘 섞어 홍두깨살의 한 면 한 면을 솔로 바른 후 30분~1시간가량 숙성한다.

   ÷ 반나절 숙성해도 좋아요.

3 피망, 파프리카, 떡을 얇게 채 썬다.

4 2에 전분가루를 묻혀가며 3의 재료를 넣고 돌돌 말아준다.

5 중간 불에서 약한 불로 불을 조절해가며 팬에서 고루 굽는다.

6 구운 소고기말이를 약간 식힌 후 사선으로 이등분한다.

7 가지런히 접시에 담고 소스를 담아낸다.

가리비냉채

재료2~3인분

가리비 1kg

레몬 1개, 새싹채소 약간

소스

식초 4큰술, 올리브유 3큰술, 발사믹식초 2큰술

타바스코 1큰술, 설탕 1큰술, 양파 $\frac{1}{2}$ 개

빨간 파프리카 $\frac{1}{2}$ 개, 파슬리가루 약간

HOW TO MAKE

1 가리비는 흐르는 물에 솔로 껍질을 깨끗이 닦은 후 소금물에 1시간가량
   담가 해감한다.

   ÷ 껍질을 그릇으로 사용해야 하므로 반드시 깨끗하게 닦아야 해요.

2 찜기에 올린 후 청주 2큰술을 뿌리고 15~20분간 찐다.

3 양파와 파프리카를 다진 후 소스 재료와 섞는다.

4 쪄낸 가리비의 한쪽 껍질을 벗겨 접시에 담은 뒤 소스를 얹고 남은 소스
   는 소스 볼에 담아낸다.

5 슬라이스한 레몬과 새싹채소를 함께 플레이팅한다.

MOONSTAR
TABLE

단백질이 풍부한 가리비에 상큼한 채소를 곁들여 맛과 영양 둘 다 잡았어요.

화려하고 예쁜 플레이팅이 눈길을 사로잡아요.

참깨드레싱 솔부추두부

재료

두부 1모
솔부추 $\frac{1}{2}$ 단
양파 1개
옥수수 전분
식용유

참깨드레싱

갈은 깨 2큰술
간장 5큰술
참기름 3큰술
올리브유 2큰술
설탕 5큰술
식초 5큰술

HOW TO MAKE

1 두부는 4등분하고 솔부추는 3등분, 양파는 채 썬다.

2 물기를 제거한 두부에 옥수수 전분을 묻히고 팬에 기름을 두른 후 노릇하게 굽는다.

3 굽고 난 남은 열에 양파와 솔부추를 살짝 볶는다.

4 양파 – 두부 – 솔부추 순으로 접시에 얹고 참깨드레싱을 끼얹는다.

MOONSTAR
TABLE

솔부추는 일반 부추보다 식감이 아삭하고 풋내가 나지 않아요.
고소하고 달콤한 참깨드레싱, 두부와 만나면 식감과 풍미가 훨씬 좋아집니다.

PARENTS

부모님 생신파티

요리는 정성을 들일수록 더 맛있고 그 마음이
상대방에게 전달됩니다. 늘 요리를 해 오신 어
머니들은 그 노고와 정성을 잘 알기에, 생일상
에 대한 감동이 더 크답니다. 부모님 연세를 고
려해 영양가 높고 자극적이지 않으며 위에 부
담이 덜 가는 건강한 밥상을 소개합니다.

연저육찜

MOONSTAR
TABLE

임금님 수라상에 올랐던 연저육찜은 부드러운 돼지고기와 수삼, 은행, 대추 등을 넣고 향신 양념에 졸인 요리예요.
본래 의미를 따르자면 어린 돼지로 만들어야 하지만 구하기 쉽지 않아 수육용 삼겹살로 대신했어요.
삼복더위를 이겨내기 위한 보양식으로도 추천해요.

075

재료2~3인분

삼겹살 1kg(수육용)

대추 5-10개

은행 10개

수삼 2뿌리

잣 2큰술

두부 또는 전복(생략 가능)

식용유

수육 찜 재료

마늘 5톨

생강 1톨

월계수 잎 5장

청주 1큰술

통후추 약간

조림용 재료

간장 1컵

통마늘 1컵

설탕 $\frac{1}{2}$ 컵

맛술 1컵

물 1컵

물엿 $\frac{1}{2}$ 컵

마른 홍고추 약간

대파 약간

저민 생강 10조각

통후추 1큰술

HOW TO MAKE

1 돼지고기는 찬물에 30분 동안 담가 핏물을 뺀다.

2 껍질의 2-3 등분 지점에 칼집을 낸다.

3 칼집 사이에 마늘, 저민 생강, 월계수 잎, 통후추를 넣는다.

4 찜기에 올리고 청주 1큰술을 뿌린 후 1시간 동안 중간 불에서 찐다.

5 찐 고기를 팬에 기름을 두르고 골고루 익힌다.

   ÷ 이 과정에서 남은 기름이 더 빠집니다. 이때 기름이 튈 수 있으니 주의하세요.

6 조림용 재료에 대추, 은행, 수삼 뿌리를 넣고 팔팔 끓이다가 약한 불에서 좀 더 끓이고 걸쭉해지면 항신채들을 건져낸다.

7 팬에 구운 고기를 썰어 넣고 6의 조림용 양념과 부재료들을 같이 넣고 끓이다가 건져 담는다.

   ÷ 남은 항신 간장에 두부를 잘게 썰어 겉을 살짝 익힌 후 약간 졸여서 곁들여도 좋아요.

     전복을 넣을 경우 손질한 후 칼집을 넣어 양념에 살짝 익혀 곁들입니다.

바지락은 칼슘과 무기질이 풍부하고 마그네슘이 달걀의 5배나 됩니다. 원기회복에 아주 탁월해요.
된장 육수에 바지락과 소고기완자, 두부, 버섯을 넣고 뭉근하게 끓이면 정갈하고 담백해 어른 입맛에 딱 맞죠.

바지락두부전골

재료 2-3인분

두부 1모
만가닥버섯 1줌
표고버섯 2개
알배기배추 3-4장
애호박 $\frac{1}{4}$ 개
양파 $\frac{1}{3}$ 개
미나리 4-5가닥
감자 $\frac{1}{2}$ 개
청양고추 1개
홍고추 1개
식용유

육수

물 2L
된장 2큰술
바지락 200g
국물용 멸치 4-5개
다시마 2장

완자 밑간

소고기 다짐육 100g
간장 1큰술
설탕 1큰술
청주 1큰술
참기름 1큰술

HOW TO MAKE

1 육수 재료를 넣고 육수를 우린 뒤 된장을 채에 걸러 푼다.

2 완자를 밑간한다.

    ÷ 고기 밑간할 때 파와 표고버섯을 다져 넣으면 감칠맛을 낼 수 있어요.

3 두부를 먹기 좋은 크기로 잘라 전분가루를 묻힌 뒤 팬에 굽는다.

4 완자를 두부와 두부 사이에 넣고 데친 미나리로 묶은 후, 남은 고기는 동그랗게 뭉쳐 넣는다.

5 버섯, 배추, 애호박, 감자를 먹기 좋은 크기로 썬다.

6 재료를 가지런히 놓고 육수를 붓는다.

7 기호에 맞게 소금으로 간한다.

등푸른 생선인 삼치는 DHA 함유량이 많아 성장기 어린이 두뇌발달과 노인 치매 예방 및 암 예방에 좋은 건강식품이에요.
삼치를 굽거나 조릴 때 씨겨자소스를 곁들여보세요. 새콤달콤 입맛 돋우며 색다르게 즐길 수 있어요.

씨겨자삼치구이

재료 1-2인분
삼치 $\frac{1}{2}$ 마리,
밀가루 1-2큰술
소금 약간
식용유

소스
홀그레인머스타드 2큰술
마요네즈 2큰술
식초 2큰술
요리당 2큰술
간장 1큰술
청양고추 2개
홍고추 1~2개

HOW TO MAKE

1 손질한 삼치의 물기를 닦고 소금을 살짝 뿌린 후 밀가루를 가볍게 묻힌다.

   ＋겉면을 바삭하게 하고 살이 흐트러지지 않게 해주는 코팅 과정이에요.

2 청양고추와 홍고추를 다진 뒤 소스 재료와 섞는다.

3 칼집 낸 삼치는 팬에서 센 불로 앞뒤로 노릇하게 굽다가 약한 불에서 소스를 50%만 붓고 살짝 더 익힌다.

4 접시에 담은 뒤 남은 소스를 끼얹는다.

문어미역초냉채

재료2-3인분

자숙문어 300g

불린 미역 한줌

키위 1-2개

파프리카 $\frac{1}{3}$ 개

양파 $\frac{1}{3}$ 개

토마토 $\frac{1}{2}$ 개

실파 약간

레몬 1개

얼음 1컵

소스

다시마멸치육수 1컵

간장 2큰술

설탕 2큰술

식초 4큰술

고추냉이 $\frac{1}{3}$ 큰술

소금 약간

HOW TO MAKE

1 소스 재료를 잘 섞은 후 레몬슬라이스를 넣고 냉장고에 넣어 식힌다.

2 문어와 과일은 슬라이스하고 양파와 파프리카는 채 썰고, 미역은 먹기 좋은 크기로 자른다.

3 그릇에 손질한 재료들을 가지런히 놓은 후 얼음과 1의 소스를 붓고 다진 실파를 얹는다.

MOONSTAR
TABLE

문어는 타우린이 풍부해 피로회복과 콜레스테롤 수치를 낮추는 데 효과적이에요.

문어와 미역은 특히 궁합이 잘 맞아 과일과 함께 냉채로 만들면 식감도 좋고 상큼해요.

FRIENDS

친구 초대

친구들과 모여 함께 음식을 만들면 그 자체로도 유쾌한 이벤트가 되곤 해요. 친구들의 정성 어린 손길과 아이디어가 더해져 식탁은 훨씬 더 빛나고 특별해집니다. 깔깔대며 준비하고 즐기는 동안 우정은 돈독해지고 잊을 수 없는 추억이 하나 더 추가될 거예요.

목살스테이크

재료1인분

목살 200g

파인애플 2개

달걀 1개

양상추 약간

방울토마토 5개

밑간 재료

올리브유 4큰술

로즈마리 2~3줄기

소금, 후추, 파슬리 약간씩

소스

돈까스소스 또는 스테이크소스 3큰술

물 $\frac{1}{2}$ 컵

간장 1큰술

굴소스 1큰술

요리당 1큰술

파인애플 국물 2큰술(파인애플 국물 대신 매실청 가능)

다진 마늘 $\frac{1}{3}$ 큰술

HOW TO MAKE

1 목살은 키친타올로 톡톡 두드려 핏물을 제거한 후 밑간하고 실온에서 15~20분간 둔다.

2 소스 재료를 한데 넣고 졸인다.

3 목살의 앞뒤를 센 불에서 굽는다. 파인애플도 같이 굽는다.

4 구운 목살을 그릇에 담고 졸인 소스를 끼얹는다.

5 달걀후라이, 파인애플, 샐러드를 곁들인다.

MOONSTAR
TABLE

목살은 삼겹살보다 맛이 진하고 육질이 단단하며 살코기가 많아요. 소고기 스테이크보다 조리가 쉬워

인원이 많을 때 좋아요. 식어도 딱딱하지 않아서 파티 음식으로 아주 훌륭하죠.

고구마사과까나페

재료 4인분

까나페용 크래커 20개
고구마 3-4개
사과 1개
우유 $\frac{1}{2}$ 컵
시나몬가루 1큰술
아몬드슬라이스 $\frac{1}{3}$ 컵
건 크랜베리 $\frac{1}{3}$ 컵
소금 1큰술
산딸기또는 체리 20개
블루베리 20개
애플민트 약간
바닐라시럽 1g(생략 가능)

HOW TO MAKE

1. 고구마를 씻은 후 찜기에서 15~20분간 찐다.

2. 사과를 다져서 아몬드 슬라이스, 건 크랜베리, 시나몬가루, 바닐라시럽과 한데 넣고 약한 불에서 조린다.

   + 재료 자체에서 나오는 수분으로 조려요.

3. 찐 고구마를 으깨어 2와 섞은 후 우유를 붓고 섞는다.

4. 크래커 위에 3을 한 큰술씩 얹는다.

5. 베리류와 애플민트로 장식한다.

MOONSTAR
TABLE

펙틴을 많이 함유한 사과와 항산화 작용을 돕는 고구마는 서로 궁합이 잘 맞아요.
시나몬가루와 바닐라시럽을 첨가하면 풍미가 더 좋아져요.

연어브루스케타/바게트롤

재료4인분

연어 300g

바게트 1개

양파 $\frac{1}{2}$ 개

파프리카 $\frac{1}{2}$ 개

소스

올리브유 4큰술

크림치즈 2큰술

다진피클 2큰술

발사믹식초 2큰술

레몬즙 또는 식초 2큰술

마요네즈 1큰술

꿀 1큰술

설탕 1큰술

데코

딜 약간

케이퍼 2큰술

파슬리가루 약간

레몬 1개

HOW TO MAKE

1 연어, 양파, 파프리카를 잘게 다진다.

2 소스 재료를 한데 넣고 잘 섞는다.

3 바게트를 이등분하여 반은 속을 파내고 반은 슬라이스한다.

4 1과 2를 잘 섞는다.

5 4를 속을 파낸 바게트에 채우고 일부는 슬라이스한 바게트 위에 얹는다.

6 데코용 재료로 플레이팅한다.

MOONSTAR
TABLE

훈제 연어는 고단백 저칼로리로 스테미너 음식이에요.
올리브유와 레몬을 곁들이면 더욱 상큼하게 즐길 수 있어요.

베이컨아스파라거스

재료4인분

베이컨 12줄, 아스파라거스 12개

1 베이컨을 사선으로 $\frac{1}{3}$ 정도 겹쳐가며 돌돌 감는다.

2 팬에 굴려가며 노릇하게 굽는다.

MOONSTAR
TABLE

정말 간단하고 맛있는 베이컨아스파라거스! 만드는 방법은 간단해도 테이블을 고급스럽게 만들어요.
아스파라긴산과 비타민 C, B1, B2, 칼슘, 인, 칼륨 등 무기질이 풍부한 아스파라거스와
동물성 단백질이 풍부한 베이컨이 만나면 영양도 완벽해요.

CHILD

아이 생일파티

아이가 어릴 때는 아이의 친구들을 초대해 생일 파티를 하는 경우가 종종 있지요. 이때는 어른의 도움 없이도 먹을 수 있는 핑거푸드를 준비하는 게 좋아요. 핑거푸드는 만드는 시간이 오래 걸리는 반면, 먹는 사람 입장에선 굉장히 편리해요.아이들 눈높이에 맞춰 모양은 귀엽고 영양도 고려한 건강한 먹거리 소개할게요.

삼겹살은 성장기 어린이 발육과 노인의 허약함을 개선하는 데 도움을 주죠.

아이들에게 인기 만점인 돈까스를 얇은 삼겹살로 메추리알과 돌돌 말아주면 모양도 예뻐 아이들이 좋아해요.

돈까스롤

재료이린이 4인분

베이컨용 삼겹살 300g

메추리알 12개

깻잎 8장

모짜렐라치즈 8큰술

소금, 후추 약간씩

달걀 3개

빵가루, 밀가루, 파슬리가루

식용유

HOW TO MAKE

1 도마 위에 랩을 깔고 베이컨용 삼겹살을 $\frac{1}{3}$씩 겹치게 놓는다.

2 소금, 후추를 뿌린 뒤, 깻잎 2장을 마주 보게 겹쳐 깔고 모짜렐라치즈 2큰술을 뿌린 뒤 메추리알을 놓고 돌돌 만다.

3 밀가루 – 달걀 – 빵가루(파슬리가루를 뿌린) 순서로 튀김옷을 입힌다.

4 팬에 기름을 붓고 180도에서 노릇하게 튀긴다.

　÷온도계가 없다면 빵가루를 떨어뜨렸을 때 파르르 튀어 오를 때 넣으세요.

5 어느 정도 겉이 노릇해지면 불을 약간 줄이고 굴려 가며 튀긴다.

　÷온도가 너무 높으면 겉만 타버려요. 꼬치로 찔러봤을 때 속까지 쑥 쉽게 들어간다면 잘 익은 거예요.

6 한 김 식힌 후 먹기 좋은 크기로 썬다.

유부초밥에는 지방이 적고 살코기가 많은 우둔살을 다져 넣어야 부드럽고 담백해요. 녹황색채소와 같이 조리하면
혈액의 산성화를 막아주므로 파프리카를 꼭 넣곤 해요. 견과류까지 더하면 성장기 아이들에게 안성맞춤.

소고기견과류유부초밥 볶음밥/주먹밥/국수고명 등 다양하게 활용

재료어린이 4인분

우둔살 다짐육 200g

표고버섯 2개

양송이버섯 2~3개

파프리카 $\frac{1}{2}$ 개

견과류 30g

간 깨 2큰술

밑간

간장 4큰술

설탕 2큰술

참기름 2큰술

청주 1큰술

HOW TO MAKE

1 밑간 양념을 잘 섞어 고기와 버무린 후 다진 견과류를 넣는다.

   푸드프로세서에 갈거나 지퍼백에 넣고 밀대로 다진다.

2 파프리카, 표고버섯, 양송이버섯을 곱게 다진다.

3 1을 먼저 볶은 후 2를 넣고 볶는다.

   ＋버섯은 볶는 과정에서 물이 많이 생겨 빨리 숨이 죽어요. 마지막에 넣는 게 좋아요.

4 마지막에 간 깨를 넣으면 속 재료 완성.

   ＋3일 정도 냉장보관이 가능하니 전날 미리 만들어 두면 시간을 절약할 수 있어요.

5 밥 2공기와 만들어 놓은 속재료를 잘 섞어 유부에 채운다.

곰돌이 유부초밥 만들기

1 치즈, 김, 소면, 둥근 깍지(소), 얼굴 펀칭, 물을 준비한다. ＋얼굴 펀칭를 준비하지 못했다면 사무용품 펀칭도 가능해요.

2 깍지 뒤편으로 치즈를 찍어 이등분한 뒤 유부초밥 두 귀퉁이에 귀를 만든다. ＋소면을 잘라 꽂으면 고정핀 역할을 해요.

3 펀칭으로 김을 뚫어 표정을 만든다.

4 김을 얇게 잘라 붙여서 다양한 표정을 만든다. 김을 붙일 때는 물을 콕콕 발라서 이쑤시개로 끼워요.

궁중떡볶이는 말랑한 떡과 고기, 버섯 등을 곁들여 먹으니 한 끼 식사로 충분해요.

쌀 떡은 식어도 퍼지지 않으므로 미리 만들어 두었다가 손님이 오는 시간에 살짝 데워 내놔도 맛있게 즐길 수 있어요.

궁중떡볶이

재료 어린이 2~3인분

떡볶이 떡 2줌(200g-300g)

소고기 불고기감 또는 샤브용 200g

양송이버섯 또는 표고버섯 2개

파프리카 $\frac{1}{3}$ 개

양파 $\frac{1}{2}$ 개, 당근 $\frac{1}{4}$ 개, 대파 $\frac{1}{2}$ 대

다진 마늘 1큰술

식용유

주재료 밑간

간장 2큰술, 국간장 2큰술

매실액기스 2큰술, 설탕 1큰술,

물 2큰술

떡 밑간

간장 1큰술, 참기름 1큰술

설탕 $\frac{1}{2}$ 큰술

마무리

요리당 1큰술, 참깨 약간

HOW TO MAKE

1 떡은 데친다.

2 양파, 파프리카, 당근, 고기는 채 썰고 버섯은 슬라이스, 파는 다진다.

3 2를 밑간 재료를 넣고 30분간 잰다.

4 팬에 기름을 두르고 마늘을 볶은 후 3을 넣고 80% 정도 익힌다.

5 데친 떡을 떡 밑간 양념으로 간한 뒤 버섯과 함께 넣어 익히고 요리당 1큰술과 참깨로 마무리한다.

으깬 감자에 채소를 다져 넣어 영양 만점인 크로켓! 부드럽고 고소해서 아이들이 좋아해요.
안에 모짜렐라치즈나 조랭이떡을 넣어도 좋아요.

감자크로켓

재료어린이 4인분

감자 큰 것 2개 또는 작은 것 4-5개

어린잎채소 약간

당근 $\frac{1}{3}$ 개

피망 $\frac{1}{2}$ 개

파프리카 $\frac{1}{2}$ 개

버터 20g

우유 50ml

소금 1큰술

빵가루 $\frac{1}{2}$ 컵

밀가루 $\frac{1}{2}$ 컵

달걀 2개

식용유

HOW TO MAKE

1 감자는 찜기에 넣고 20분가량 찐다.

   ✛ 너무 오래 찌면 수분이 날아가 찐득해져요.

2 당근, 피망, 파프리카는 다진다.

3 찐 감자에 버터를 넣고 으깬 뒤 우유와 다진 채소, 소금을 넣고 잘 섞는다.

4 동글동글 한입 크기로 만들어서 밀가루 – 달걀 – 빵가루 순서로 입힌다.

   ✛ 빵가루에 파슬리가루를 섞으면 더 보기 좋아요.

5 팬에 기름을 붓고 180도에서 노릇하게 튀긴다.

6 체로 건진 뒤 식어도 바삭하도록 탈탈 털어 기름을 제거한다.

7 어린잎채소나 샐러드 채소 위에 감자크로켓을 얹고 예쁜 픽을 꽂는다.

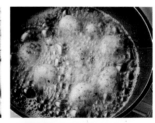

병정소시지

재료어린이 4인분

비엔나 소시지 20개, 김 1장, 물 약간, 이쑤시개 20개

HOW TO MAKE

1 한 번 데친 비엔나 소시지는 가운데 폭을 좀 더 좁혀 삼등분한다.

2 가운데 부분을 가로로 이등분해 하나는 얼굴, 하나는 발을 만든다.

3 이쑤시개에 순서대로 꽂는다.

4 김을 얇게 잘라 띠와 표정을 만든다.

MOONSTAR
TABLE

소시지의 귀여운 변신, 아이들과 함께 만들면 훨씬 재밌어합니다.

도시락에 넣으면 분위기가 살아요. 전날 미리 만들어서 냉장고에 보관해도 좋아요.

케익 장식 만들기

재료

화이트 홀케익, 머핀

장식 재료

유칼리투스

왁스(flower)

머랭

스티커

레터링 스티커

이쑤시개

1 이쑤시개에 예쁜 스티커를 붙인 뒤 머핀에 꽂는다.

   ÷ 이니셜도 좋고 아이가 좋아하는 캐릭터를 활용해도 좋아요.

2 유칼리투스와 왁스를 겹친 뒤 고정철사로 감싸면서 케익보다 큰 크기의
   원을 만들어 화관을 만든다.

3 케익 테두리에 2에서 만든 화관을 두르고 머랭을 올린다. 머랭 대신 과
   일을 올려도 된다.

4 아이의 이름, 나이 등의 픽을 꽂는다.

MOONSTAR
TABLE

케익을 직접 만들지 않고도 시판 케익을 활용해 내 아이만을 위한 특별한 케익을 만들 수 있어요.
아이와 같이 만들어보세요. 성취감도 느끼고 엄마와의 즐거운 추억으로 기억될 거예요.

3

Daily

분식 파티

언제 먹어도 질리지 않고 남녀노소 누구나 사
랑하는 분식! 매콤달콤한 떡볶이와 한입에 쏙
들어가는 김밥, 따끈한 어묵꼬치와 함께하면
한 끼 식사로도 충분하죠. 언제 먹어도 맛있어
서 칼로리 걱정, 영양 성분에 대한 고민을 싹
잊게해줘요.

MOONSTAR
TABLE

한입 쏙 꼬마김밥에 겨자장을 찍어 먹으면 입안 가득 알싸한 맛이 퍼지면서 입맛이 살아나요.

마약김밥의 장점 중 하나는 아이랑 함께 나눠 먹기 좋다는 거예요. 녹황색 채소가 들어갔으니 영양도 충분해요.

112

마약김밥

재료10줄(2인분)

밥 2공기

김 3-4장

단무지 6-7줄

영양부추 한줌

달걀 3개

당근 1개

식용유

밥 밑간

소금 1큰술

참기름 1큰술

깨소금 1큰술

겨자 소스

간장 1큰술

설탕 1큰술

식초 1큰술

물 1큰술

연겨자 $\frac{1}{2}$ 큰술

소금 한꼬집

HOW TO MAKE

1 밥은 고슬고슬하게 지어 밑간 재료를 넣고 밑간한다.

2 긴 단무지를 이등분하고 당근은 곱게 채 썰어 살짝 데친 뒤 팬에 기름을 두르고 볶는다.

3 달걀은 알 끈을 제거한 뒤 지단으로 부쳐 얇게 썰고 영양부추는 이등분 후 살짝 데친다.

4 김을 4 등분 해 밑간한 밥을 얇게 펴고 준비한 속 재료를 넣고 만다.

5 겨자소스와 함께 접시에 담는다.

M☾ONSTAR
TABLE

칼칼한 맛을 선호한다면 청양고추를 다져 넣어요.

간식, 술안주, 반찬으로도 실속있어요.

어묵탕

재료2-3인분

사각 어묵 4장
둥근 어묵 1컵
무 $\frac{1}{3}$개
대파 2대
표고버섯 2개
홍고추 $\frac{1}{2}$개
청양고추 1개
무 $\frac{1}{4}$개
양파 $\frac{1}{2}$개
쑥갓 한줌
멸치 한줌
멸치액젓 2큰술
소금 약간

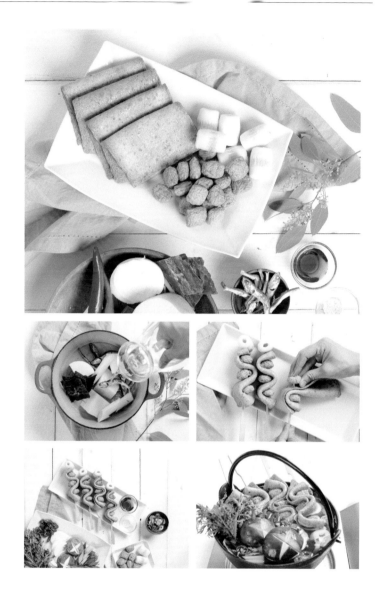

1 대파 흰 대에 칼집을 낸 뒤 무, 멸치, 다시마와 함께 냄비에 넣고 끓여 육수를 만든다.

　÷ **다시마는 끓기 시작하면 건져요.**

2 꼬치에 사각 어묵과 둥근 어묵을 엇갈려가며 꽂는다.

3 양파는 채 썰고, 대파 일부는 어슷썰기하고 일부는 다진다.

　청양고추, 홍고추 등은 먹기 좋은 크기로 썰고 표고버섯은 칼집을 낸다.

4 푹 우린 육수 재료를 체로 걸러낸 뒤 육수에 3과 어묵꼬치를 넣고 살짝 끓이고 멸치액젓과 소금으로 간한다.

떡볶이를 만드는 수많은 방법이 있지만 전 고춧가루를 베이스로 만들어요.

이 레시피의 장점은 덜 졸이면 국물 떡볶이로도 만들 수 있다는 거예요. 소금으로 간을 추가하면 되니까요.

시판 떡볶이의 감칠맛을 원할 땐 조미료 대신 육수를 진하게 우려내세요.

떡볶이

재료2-3인분

떡볶이 떡 200g, 사각 어묵 2장

대파 1대, 양파 $\frac{1}{2}$ 개, 깻잎 4장

(기호에 따라 양배추, 라면사리, 삶은 달걀 등)

양념

고춧가루 8큰술, 간장 4큰술, 요리당 4큰술

설탕 2큰술, 매실청 1큰술, 고추장 1큰술

소금 약간

육수

무 80g(손바닥만한 토막), 대파 흰대 1대

파뿌리 1개, 양파 $\frac{1}{2}$ 개, 멸치 한줌

다시마 3-4장, 사각 어묵 1장, 물 1.5L

HOW TO MAKE

1 육수 재료를 넣고 끓이다가 물이 팔팔 끓기 시작하면 다시마를 건지고 약한 불로 30분 이상 푹 우린다.

2 양념을 미리 섞어 숙성시킨다.

3 사각 어묵은 먹기 좋게 썰고 양파와 깻잎은 채 썰고, 대파는 어슷썰기한다.

4 움푹한 궁중팬에 떡을 넣고 육수를 떡이 잠길 정도만 넣은 뒤 말랑해지도록 끓인다.

5 2의 양념을 푼 뒤 중간 불에서 끓이면서 어묵
  을 넣고 남은 육수를 넣는다.

6 5분 정도 끓인 후 양파, 대파를 넣고 졸인다.

7 불을 끈 후 깻잎을 넣고 버무려 담아낸다.

   ÷육수 우릴 시간이 없거나 귀찮을 땐 물 1L에 멸
     치액젓 1큰술을 넣고 양파와 대파를 레시피보다
     더 넣어요.

   ÷라면이나 쫄면 사리를 넣을 때는 면이 수분을 흡
     수해 재료들끼리 붙을 수 있으니 물양을 늘려요.

브런치

주말 만큼은 브런치를 즐기며 느긋하게 하루를 시작하는 것도 좋겠죠? 스페니쉬오믈렛, 샐러드, 스프에 간단한 빵을 곁들이면 집에서도 유명 레스토랑 못지않은 브런치를 즐길 수 있습니다. 영양소도 골고루 들었으니 한 끼 식사로 거뜬하면서도 쉽게 만들 수 있는 브런치 메뉴를 소개할게요.

스페니쉬오믈렛

재료2-3인분

달걀 5개, 우유 $\frac{1}{2}$ 컵

베이컨(또는 소세지나 스팸) 2줄

양파 $\frac{1}{2}$ 개

양송이버섯 3개

방울토마토 10개

어린잎 채소 및 루꼴라 약간

바질잎 3-5잎

모짤렐라치즈 1컵(70g)

소금 $\frac{1}{3}$ 큰술, 후추 약간, 식용유

드레싱

돈까스소스 2큰술

스위트 칠리소스 2큰술

마요네즈 1큰술

HOW TO MAKE

1 우유에 달걀을 풀고 소금, 후추를 넣어 잘 젓는다.

2 양파, 베이컨은 다지고 양송이버섯은 슬라이스한다.

3 팬에 기름을 두르고 베이컨을 볶은 뒤 양파를 볶는다.

4 기름을 살짝 더 부은 후 달걀을 2번에 나눠 붓는다.

5 스패튤러로 가운데를 회오리치며 테두리를 긁어모으듯이 달걀을 몽글몽글하게 만든다.

6 베이컨과 양파를 넣고 달걀을 도우형태로 만든다.

7 양송이버섯과 방울토마토를 얹고 모짤렐라치즈를 뿌린다.

8 뚜껑을 덮어 두거나 호일로 감싸 덮고 6분간 약한 불에서 익힌다.

9 먹기 전 준비한 채소를 얹고 소스를 곁들인다.

   ÷ 그라노파다노치즈가 있으면 그라인더로 갈아 위에 뿌려요.

달걀에 우유를 섞어 도우를 만들고 베이컨, 양송이버섯, 방울토마토로 토핑 후
모짜렐라치즈까지 얹었으니 풍미 좋고 맛있어 모두의 입맛을 사로잡을 수 있어요.

리코타치즈무화과샐러드

재료2-3인분

무화과 4개, 리코타치즈 100~150g, 샐러드 채소 120g
건 크랜베리 3큰술, 아몬드 슬라이스 2큰술, 바게트 슬라이스 4~6쪽

소스

올리브유 4큰술, 발사믹식초 4큰술, 꿀 1큰술
식초 1큰술, 소금 약간

HOW TO MAKE

1 무화과는 먹기 좋은 크기로 손질한다.

2 샐러드를 접시에 깔고 무화과를 올린 뒤 리코타치즈와 건 크랜베리, 건과류를 올린다.

리코타 치즈(200~250g 분량) 만들기

재료 | 우유 1000ml, 생크림 500ml, 소금 ½큰술, 레몬 1개(식초 3큰술), 면포

1 우유와 생크림을 센 불에서 끓인다.

2 부글부글 끓어 오르면 소금과 레몬 1개 분량의 즙을 넣은 뒤 한 번만 젓고
   약한 불로 줄인다. 이때 많이 저으면 잘 뭉쳐지지 않으니 주의한다.

3 약한 불에서 10분 이상 더 끓인다.

4 몽글몽글 순두부처럼 뭉치기 시작하면 면포를 깐 체에 부어 유당을 걸러낸다.

5 유당을 뺀 후 면포에 싸놓은 그대로 용기에 담고 무거운 그릇으로 누른 상태로 냉장고에 넣어둔다.

6 반나절에서 3일 정도 지난 후에 먹는다.

MOONSTAR
TABLE

무화과는 비타민, 미네랄 등 영양소가 풍부할 뿐만 아니라 단백질 분해 효소가 많아 소화를 촉진합니다.
8월~11월이 제철이며, 리코타치즈와 잘 어울려요.

단호박스프

재료4인분

단호박 1개

고다치즈 3장

우유 200+100ml

생크림 100ml

다진 마늘 1큰술

대파 흰대 $\frac{1}{2}$ 대 또는 중파 1대

버터 1큰술

후추 약간

HOW TO MAKE

1 단호박을 쪼개어 15분 정도 찜기에 찐다.

2 팬에 버터를 녹인 후 다진 마늘과 다진 대파를 볶는다.

   ÷ 버터 대신 올리브유를 넣으면 좀 더 가볍게 즐길 수 있어요.

3 팬에 생크림과 우유 200ml를 붓고 보글보글 끓이다가 고다치즈를 넣어 녹인다.

4 익은 단호박과 3을 핸드 블랜더로 간다.

5 냄비에 4와 우유100ml를 넣고 한 번 더 끓인다.

6 기호에 따라 후추와 소금으로 간한다.

   ÷ 치즈에 어느 정도 간이 돼 있어요.

MOONSTAR
TABLE

단호박을 스프로 만들면 부드럽고 달콤해요.
특히 쌀쌀한 날 따끈한 단호박 스프 한 그릇! 생각만 해도 포근해지죠?

MOONSTAR
TABLE

부록

Table Setting

Christmas

** 화이트 케익 위에 딸기와 블루베리를 리스처럼 두르고 앞 접시에 크리스마스 파티 초대장이나 네임카드를 올린다.

** 테이블 2개를 이어 공단 3마 정도를 덮고 센터피스를 장식한다. 레드와 그린 컬러로 경쾌하고 발랄한 크리스마스가 연출된다.

** 센터피스로 장식했던 꽃과 나뭇가지 등을 정리한 후 음식을 길게 배열한다. 사각과 둥근 접시를 섞어 배치해야 단조롭지 않다.

** 높이가 높은 꽃장식은 사이드에 배치하고 높이에 차이를 두어 리듬감 있게 연출한다.

** 유리병에 물을 채우고 티라이트 캔들을 띄우면 물에 은은하게 빛이 퍼져 분위기 있는 캔들이 완성된다. 붉은 열매를 함께 넣어도 좋다.

** 크리스마스 글귀를 만들어 출력하거나 레터링 스티커를 이쑤시개에 붙여 픽으로 활용한다.

Terrace
—
Festival

∴ 야외에서 파티할 때는 필요한 기물이 가벼워야 좋다. 캠핑용 접이식 테이블과 의자를 사용한다. 테이블보는 음료를 쏟거나 갑자기 비가 올 때를 대비해 방수용으로 사용하는 게 좋다. 해가 진 후에도 야외 분위기를 살리려면 랜턴은 필수. 와인잔은 시중에서 판매하는 플라스틱 잔을 이용한다. 준비해 온 음식을 일회용 접시에 놓더라도 바구니나 작은 나무 도마와 함께 놓으면 더욱 자연스러운 공간이 연출된다.

Elegant

** 우아하고 여성스러운 테이블을 연출하고 싶다면 엘레강스 컨셉을 참고한다. 화이트 테이블보에 레이스나 연보라 천으로 포인트를 주고 약간의 꽃장식, 곡선이 있는 커트러리와 접시를 매치한다.

Natural

＊＊ 내츄럴한 톤의 베이지, 그레이 컬러 테이블보를 활용하고 숲을 옮겨 놓은 듯 나무와 그린 소재들로 센터피스를
연출한다.

Casual

** 캐쥬얼한 분위기를 연출하고 싶을 땐 컬러가 들어간 접시들을 조화롭게 매치하고 스트라이프 키친크로스를 사용하여 경쾌한 느낌을 살린다. 영문 레터링이 들어간 냅킨을 활용하면 상큼하고 발랄한 홈브런치 테이블을 완성할 수 있다.

Cutlery

* 접시는 테이블 끝 선에서 손가락 두 마디 만큼 위에 끝이 닿도록 놓는다. 커트러리는 그 라인에 맞춰 양쪽에 놓는다. 포크는 왼쪽, 나이프와 스푼은 오른쪽에 놓는다. 이때 나이프는 안쪽으로 오도록 배치한다.

이 책에 도움을 주신 분들께 감사드립니다.

———————

김지훈, 유효정, 장선희, 조민정
내안애 참기름, 디얼시, 오션스프레이, 코렐, 화소반

문스타테이블 홈파티

지은이 | 문희정

초판 1쇄 인쇄 2016년 12월 16일
초판 3쇄 발행 2020년 10월 15일

발행인 | 장인형
임프린트 대표 | 노영현
펴낸 곳 | 다독다독

종이 | 대현지류
출력·인쇄 | 꽃피는청춘

출판등록 제313-2010-141호
주소 서울특별시 마포구 월드컵북로4길 77, 3층
전화 02-6409-9585
팩스 0505-508-0248

ISBN 978-89-98171-32-2 13590